"水·产·生·态·养·殖·技·术·手·册" 丛·书

稻田牛蛙养殖技术手册

贵州省农业科学院水产研究所 / 编

商宝娣　张效平　李世凯 / 主编

贵州出版集团
贵州科技出版社

图书在版编目（CIP）数据

稻田牛蛙养殖技术手册 / 贵州省农业科学院水产研究所编；商宝娣，张效平，李世凯主编 . -- 贵阳：贵州科技出版社，2022.8

（"水产生态养殖技术手册"丛书）

ISBN 978-7-5532-1062-9

Ⅰ.①稻… Ⅱ.①贵… ②商… ③张… ④李… Ⅲ.①牛蛙-蛙类养殖-手册 Ⅳ.① S966.3-62

中国版本图书馆 CIP 数据核字 (2022) 第 101080 号

稻田牛蛙养殖技术手册
DAOTIAN NIUWA YANGZHI JISHU SHOUCE

出版发行	贵州出版集团　贵州科技出版社
地　　址	贵阳市中天会展城会展东路 A 座（邮政编码：550081）
网　　址	http://www.gzstph.com
出 版 人	朱文迅
策划编辑	朱文迅　程冠华　袁　隽
经　　销	全国各地新华书店
印　　刷	贵州新华印务有限公司
版　　次	2022 年 8 月第 1 版
印　　次	2022 年 8 月第 1 次
字　　数	31 千字
印　　张	1.75
开　　本	787 mm × 1092 mm　1/32
定　　价	19.80 元

天猫旗舰店：http://gzkjcbs.tmall.com
京东专营店：http://mall.jd.com/index-10293347.html

"水产生态养殖技术手册"丛书编委会

主　任： 李正友

副主任： 张效平

委　员：（按姓氏笔画排序）

　　　　　王　伟　王艳艳　田应平　吕振宇
　　　　　李　礼　李小义　李正友　李世凯
　　　　　杨　兴　杨　星　吴俣学　闵文武
　　　　　张显波　张美彦　张效平　罗天逊
　　　　　罗凤琴　周其椿　赵　飞　赵　凤
　　　　　胡锦丽　黄福江　商宝娣　覃　普
　　　　　曾　圣

近年来，我国水产养殖业发展取得了显著成绩，党中央、国务院高度重视生态文明建设和水产养殖业绿色发展。加快推进水产养殖业绿色发展，是落实新发展理念、保护水域生态环境、实施乡村振兴战略、建设美丽中国的重大举措和必然选择。2019年农业农村部、生态环境部、自然资源部等十部委联合发布的《关于加快推进水产养殖业绿色发展的若干意见》（农渔发〔2019〕1号），为新时代渔业绿色发展指明了方向。2021年，《贵州省国民经济和社会发展第十四个五年规划和二〇三五年远景目标纲要》提出，加快做大做强十二个农业特色优势产业，积极发展生态渔业。2022年国务院发布的《国务院关于支持贵州在新时代西部大开发上闯新路的意见》（国发〔2022〕2号）提出，支持贵州在新时代西部大开发上闯新路，在乡村振兴上开新局，在实施数字经济战略上抢新机，在生态文明建设上出新绩。

自2018年以来，贵州省委、省政府就将生态渔业列为全省十二大农业特色优势产业之一，生态渔业为2020年贵州撕掉千百年来的"绝对贫困"标签，打赢脱贫攻坚战，作出了重要贡献。现正处于乡村振兴的重要时期，如何结合农村实际情况，发挥好生态渔业的特色产业优势，是巩固拓展产业扶贫成果、实施乡村振兴战略的重要课题。

由贵州省农业科学院水产研究所牵头编写的"水产生态养殖技术手册"丛书，是"贵州乡村振兴"书系的重要组成部分。该丛书围绕当前农村地区水产养殖存在的养殖管理技术水平有限、养殖品种选择不准确等常见问题，向广大养殖户介绍常规养殖品种（如草鱼、鲤鱼、鲫鱼等）以及养殖效果较好的黄颡鱼、斑点叉尾鮰、牛蛙、加州鲈、鲟鱼、观赏鱼等特色养殖品种，对传统"稻渔"养殖模式进行分析，从养殖品种的生态习性、养殖管理方法、病害防治等多个方面进行最新知识的普及与技术手段的传播，以期解决养殖户日常碰到的各种养殖难题。整套丛书内容专业全面，形式生动活泼，指导性强，其出版可谓是生态渔业科普领域一项非常有意义的创新性工作。

衷心祝愿该丛书的出版获得成功！希望该系列图书能为每一位读者答疑解惑！

国家重点研发计划项目首席科学家，二级研究员

2022 年 7 月 7 日

目 录

第一篇	为什么要养殖牛蛙？	01
第二篇	牛蛙要在哪里养？	03
第三篇	如何修整饲养牛蛙的稻田？	07
第四篇	投放蛙种时要注意什么？	17
第五篇	怎么做好牛蛙的养殖管理？	21
第六篇	怎么防治病害？	27
第七篇	如何捕捉牛蛙？	35
第八篇	怎么运输牛蛙？	37

第一篇

1

为什么
要养殖牛蛙？

牛蛙的价值

牛蛙肉质细嫩、味道鲜美、营养丰富，还具有一定的药用价值，而且牛蛙生长快、产量高。也就是说，养殖牛蛙成本低，价值却高，因此，能够获得较高的经济效益。

第二篇

2

牛蛙要在哪里养?

稻田养殖

在稻田里养牛蛙是比较合适的。稻田是蛙类的天然栖息场所,有利于蛙的生长发育。而且,牛蛙捕食大量农田害虫,有利于减少农药的施用量。此外,蛙粪还可以肥田,节省了成本的同时,还不会造成环境污染。

牛蛙要在哪里养？

稻田养蛙条件 ★

 农博士，所有稻田都可以用来养牛蛙吗？

 不是的，养殖牛蛙的稻田要满足几个条件：
★ 排灌要方便。
★ 水源要清洁。
★ 环境要安静。

稻田修整 ★

> 那么，可以在稻田里直接养牛蛙吗？

> 不可以，稻田要做相应的修整后才能用于牛蛙的养殖。

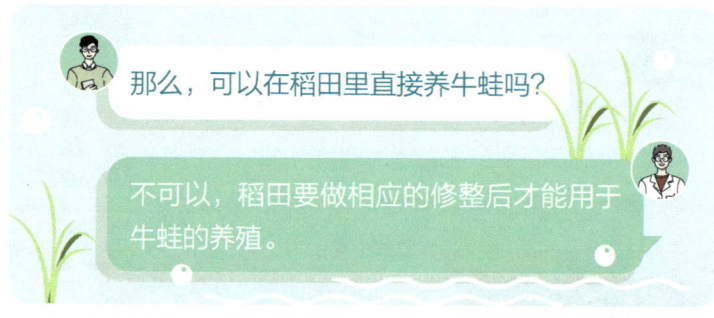

第三篇

3

如何修整饲养牛蛙的稻田?

第一步：挖沟和凼

小于1亩（1亩 ≈ 667 平方米）*的稻田，以1块稻田为1个养殖单元；大于1亩的稻田，以0.5亩左右为1个养殖单元。沿着田埂边缘内侧，在四周挖边沟，在稻田中挖凼。沟、凼的开挖深度以不破坏稻田的耕作层为度，沟、凼的总面积不要超过稻田总面积的10%。

* 鉴于本书为农业科普性质图书，为便于广大农民群众阅读理解与实际操作，本书质量单位采用"公斤"，面积单位采用"亩"，并在全书第一次出现处分别给予其与"克""斤"和"平方米"的换算关系；物理单位采用文字表述（如"平方米"）。

如何修整饲养牛蛙的稻田?

第二步:修整田埂

利用挖沟、凼时挖出的泥土,加宽、加高、夯实田埂,使田埂高度高出稻田平面0.3~0.5米,田埂底部宽0.8~1.0米,田埂顶部宽0.3~0.4米。

加固时要夯实每一层土,做到不裂、不漏、不垮,满水时不崩塌。

第三步：处理进水口、排水口

进水口、排水口按照"高进低出"的原则，一般设在稻田相对两角的田埂上，还要安装隔离网，阻止外来有害生物及其他杂质进入田间，同时起到一定的牛蛙防逃功能。

如何修整饲养牛蛙的稻田？

第四步：安装防逃网

第三篇

牛蛙活动性强，善于跳跃，跳跃高度可达1.5米，所以在稻田周围应该设置障碍，防止牛蛙逃跑。材料可以采用芦苇编织的帘子、铁丝网、尼龙网、聚乙烯网布、石棉板、砖墙等，其中以聚乙烯网布的透水、通风性能最好，围栏也很严密，而且安装方便。

安装时，地面上的纱网需要保留1.5米以上，整个防逃网也要略向内倾斜，顶部要设计一个向稻田内伸出的、宽0.2～0.3米的倒檐，然后每隔1.0～1.5米安装1根竹竿或钢管来固定倒檐。有条件的养殖户，最好再用1米高的黑色塑料薄膜覆盖防逃网内侧，以防牛蛙跳跃时撞到纱网，致使表皮擦破，从而感染病菌。

为了防止牛蛙在地下打洞外逃，防逃网应扎入稻田下至少0.3米，还要在围栏两侧各留出至少宽0.1米的空地并保持无杂草。

稻田牛蛙养殖技术手册

如何修饲养牛蛙的整稻田？

第五步：铺设食台

将防逃网裁剪成2～3米长，略大于蛙沟、蛙凼宽，然后沿着蛙沟、蛙凼，间隔一定的距离将防逃网绷直架设在蛙沟、蛙凼上。

利用防逃网内留出的田埂面来铺设食台，食台的规格和数量可以根据田块的大小、形状及养殖牛蛙的密度来合理调整和布置。

第六步：安放诱虫灯

在食台的上方悬挂诱虫灯，单个食台悬挂1~2盏，整条食台可以每隔1~2米悬挂1盏。

如何修整饲养牛蛙的稻田？

第七步：悬挂遮阳网

在蛙沟、蛙凼的两侧，用竹竿、棍等搭建支架，支架上方再平挂遮阳网。遮阳网的长、宽要与蛙沟、蛙凼的长、宽相同。

第八步：加盖尼龙网，以防天敌入侵

为杜绝放养初期蛙种遭遇天敌——鸟，可在蛙沟、蛙凼甚或整个稻田上方加盖1层尼龙网。加盖所需的支架高1.8～2.0米，每隔5～8米就需要设置1根支架。

第四篇 4

投放蛙种时要注意什么？

消毒与施肥

首先,在投放蛙种前,要对稻田进行消毒。
水稻移栽前7~10天,在稻田及蛙沟、蛙凼内注入少量水,每亩泼洒10~15公斤(1公斤=1000克=2斤)生石灰进行消毒。

其次,要施足基肥。
消毒后,使用农家肥或者复合肥作为基肥,保证施足施够,以培育生物饲料。

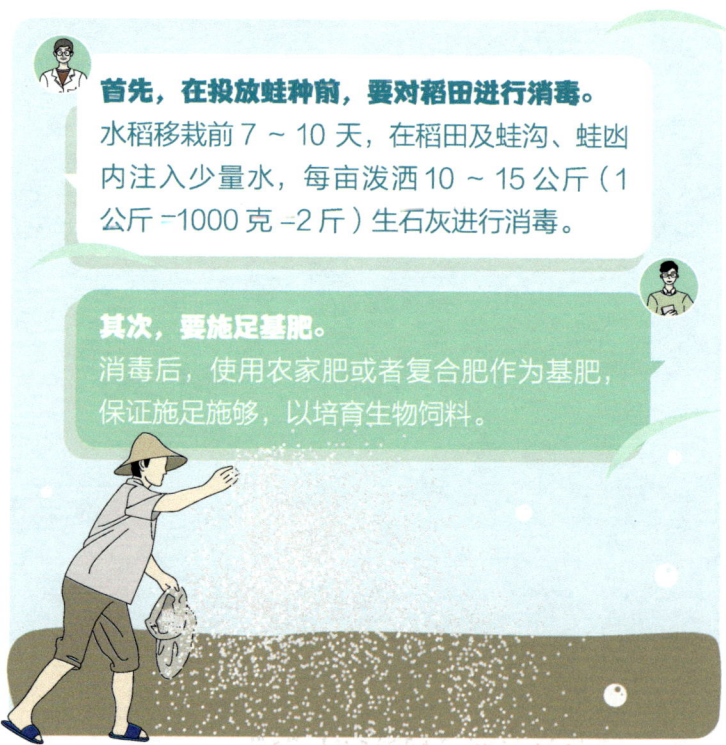

投放蛙种时要注意什么?

第四篇

种植水稻

 种植水稻时要遵循以下注意事项:

★ 应选择丰产性、抗逆性、广适性、抗病虫性都良好的优质水稻品种。

★ 采用"宽窄行"栽培方式。每亩栽种秧苗 8000～10 000 穴。所谓"宽窄行"栽培方式,即宽行 0.40～0.43 米,窄行 0.26 米,株距 0.16～0.24 米。

★ 稻田的通风条件要好,这样水稻不易发生病虫害。

放养蛙种

放养蛙种时要遵循以下注意事项:

★ 集中精养蝌蚪,培育"小四脚"幼蛙。

★ 在稻田中放养统一培育的"小四脚"。

★ 幼蛙放养时间选择在秧苗移栽 7 ~ 10 天、返青扎根后,而且最好选在晴天的早晨或傍晚放养。

★ 放养的幼蛙每只大约重 50 克,而且要规格整齐,体格健壮,无病无残。

★ 放养密度为每亩 1000 ~ 1500 只。

★ 可以用 20 毫克/升(1 克 =1000 毫克)的高锰酸钾溶液浸洗幼蛙 20 分钟,或者用 2% ~ 4% 的食盐水溶液浸洗幼蛙 10 分钟来消毒。但是,浸洗时间要根据幼蛙的体格及天气等情况灵活掌握。

第五篇

5

怎么做好牛蛙的养殖管理？

诱食与驯食

牛蛙必须经过人工诱食与驯食，才会摄食人工颗粒饲料或其他不动饵料，诱食时间一般为20天左右。

诱食、驯食方法：在人工颗粒饲料中拌入活的泥鳅、蚯蚓、粪虫等，利用其爬行带动人工颗粒饲料的滚动，牛蛙便会把不动饵料误当作活饵料吞入腹中。

怎么做好牛蛙的养殖管理？

投喂人工饲料

第五篇

诱食成功后，再投喂蛙类专用的人工配合饲料，注意饲料的粒径要与蛙的个体大小相适应。

投喂方法：饲料投喂坚持"定点、定时、定量、定质"的"四定"原则，每天可在上午和下午投喂，共投喂2次。投喂量，在幼蛙阶段为蛙体重的2%～3%，在成蛙阶段为蛙体重的1%～2%，但具体还要根据天气、水质及蛙的吃食情况进行适当的调整，最好能在1～2小时内吃完。

1～2小时内

补充投喂天然饲料

夏季晚上可以开灯诱虫,以此来补充牛蛙的食物来源。另外,还可以在防逃网内侧的田埂上培养活饵料动物,比如堆放经发酵的牛粪、作物秸秆等来培养蚯蚓,利用废弃动物下脚料来养殖蝇蛆,或者直接在室内培育黄粉虫等活饵料动物。

怎么做好牛蛙的养殖管理?

日常管理注意事项

第五篇

★ 坚持每天早、中、晚巡田。随时检查牛蛙的活动情况，及时检查田埂是否有漏洞，防逃网是否牢固；下雨和打雷时做好防洪、防逃工作；及时驱赶鸟类，清除老鼠、蛇等敌害；定期清理食台周围的残饵和粪便，保持食台干净卫生。

★ 时常加注新水，保持水质良好，及时疏通蛙沟、蛙凼。养殖期间，适时加注新水，保持蛙沟、蛙凼中水深为40～50厘米，稻田中水深为6～15厘米，以确保蛙的正常活动和生长。蛙沟、蛙凼每15～20天就要泼洒1次生石灰，每次施用量为每立方米水体施用20克，这样就能在调节水体酸碱度（pH）的同时，还起到消毒的作用。

★ 慎施农药。在稻田养蛙后,由于牛蛙能捕食大量昆虫,稻田几乎没有虫害发生,病害也较少发生,所以一般不用喷施农药。如果确实需要施药,宜选用低毒农药,在喷施时也要尽量避免农药入水。

★ 重底肥,少追肥。根据前期稻田施肥和田间苗情,酌情考虑追肥。追肥所用肥料最好是生物肥料或复合肥。

第六篇 6

怎么防治病害？

牛蛙常见病害

下面介绍几种牛蛙常见病害的发病特点和防治措施。

红腿病　　肠胃炎
烂皮病　　腹水病
歪头病　　脱　肛

怎么防治病害？

红腿病

红腿病是牛蛙养殖中最普遍、危害最严重的疾病之一。发病牛蛙的主要症状是瘫软无力，活动迟钝，不吃饲料，身体腹部、腿部皮肤出现红点或红斑，甚至溃烂，严重时全部肌肉呈红色，还并发胃肠充血、发炎，病蛙的舌、口腔等处有出血性斑块。此病的特点是发病急、传染性强、死亡率高。

防治措施：

★ 养殖密度要适量，保持良好水质，投喂新鲜饲料。

★ 病蛙要隔离治疗，防止传染。用食盐水浸泡病蛙，每次 10 分钟，每 2 天重复 1 次；或用五倍子泼洒，每立方米水体泼洒 1.5~3.0 克。

★ 做好彻底的消毒工作。

五倍子

稻田牛蛙养殖技术手册

肠胃炎

肠胃炎也是危害牛蛙的常见病害之一，主要发生在蝌蚪和幼蛙身上。这种疾病是由细菌感染或消化不良引起的，发病时速度极快，死亡率高。发病蝌蚪的肠胃发炎、充血，肛门四周红肿；幼蛙或成蛙发病则表现为肌体酸软，无力跳动，严重者死亡。

防治措施：

★ 加强水质管理，做好消毒工作，经常加注新水，保持水的清新。

★ 喂食要注意饲料的新鲜度，不要投喂腐烂、变质的饲料。

★ 每天都要及时清除残饵，然后再投喂新鲜饲料。患病时可以用三黄粉拌料投喂，连用3~5天。

怎么防治病害?

烂皮病

烂皮病主要是由营养缺乏引起的。发病牛蛙的皮肤失去光泽并出现白斑,随着病情发展,皮肤脱落、腐烂,露出背部肌肉组织,严重时扩散到整个躯体,同时眼部出现黑色粒状突起,失去视觉。

防治措施: 此病通常以预防为主。在养殖的过程中,饲料要多样化,可以喂养新鲜的小鱼来辅助治疗。平时在饲料中适当补充维生素 A 和维生素 C。

腹水病

 病蛙不摄食，不活动，不鸣叫；腹部膨胀，腹腔积液，腹水呈淡红色或淡黄色；胃内无食物，有较多黏液；肝脏肿大并有红斑分布；胆囊褪色；肠内有黄色液体；肛门凸出。

防治措施：

★ 保持良好水质，饲料要新鲜。

★ 给病蛙饲喂酵母片，每天2次，每次半片，连喂3天。

酵母片

怎么防治病害？

歪头病

 病蛙在水中不停地打转，一会儿往右转，一会儿往左转，头部歪向一侧；出现摄食量减少、眼球凸出、双目失明等症状，将其解剖之后便能看见肝、肾、肠、胃等器官上有充血。

防治措施：歪头病比较难处理，因为引起此病的病原菌主要感染牛蛙脑部，而脑部有血脑屏障，一般药物难以穿过血脑屏障到达牛蛙脑部。因此，此病要以预防为主，平时注意水体消毒、牛蛙杀菌、控制饲料投喂、提高牛蛙体质等。

脱 肛

脱肛的发病特征是病蛙直肠外泄于肛门外并红肿，摄食减少甚至停食，行动不便，体形瘦弱。此病多发于成蛙，发病率虽低，但若不及时治疗，病蛙很难自愈，会逐渐消瘦，个别病蛙还会死亡。

防治措施：
★ 隔离病蛙，用蒸馏水或冷开水洗净其外泄的直肠后，塞入泄殖腔内。
★ 减少病蛙活动。

第七篇 7

如何捕捉牛蛙？

照捕法

捕捞牛蛙主要采用的是照捕法。利用蛙类昼伏夜出和畏惧强光的习性,在晚上用电筒进行照射,牛蛙一旦被突如其来的强光照射到,就会一动不动地待在田埂边,这时可以先用抄网将牛蛙罩住,再从抄网里将牛蛙捉出来。

装运容器的选择

牛蛙在装运前就要停止投喂，静养2~3天。可以选择木箱、塑料箱、厚纸箱、泡沫箱等作为装运容器，但要确保这些容器具备通风、透气、保湿、防逃的功能。装运前，要先将箱子清洗干净，并在其侧面开通气孔，在其底部垫放湿布、湿稻草等。

怎么运输牛蛙？

保护措施

将牛蛙清洗干净后,放入装运箱中。幼蛙可直接放入箱中,而成蛙因个体大、跳跃力强,需要先将装运箱分隔成几个小室,然后将每只牛蛙小心地放入纱布袋中,浸湿纱布袋后,再分别放入各个小室内,这样可以避免牛蛙互相拥挤、堆压致死,也可以防止牛蛙因跳跃而受伤。在放入牛蛙后,纱布袋表面还要再盖上湿纱布来保湿。最后装运箱也应加上盖子,起到防逃的作用。

怎么运输牛蛙？

装运密度

每车运输装运箱的密度,以不拥挤为原则,一般以放满车厢平底面积的 80% 为宜,绝对不能多放,更不能重叠堆放,否则很容易导致牛蛙在运输途中死亡。

运输牛蛙宜选择在阴凉天气进行。如果要在夏季高温时运输,最好选择晚上,或者在装运箱内放入冰块来降温。还要做好遮阴工作,避免阳光直射箱子。在运输途中,应该经常给装运箱淋水,并检查装运箱有无破损、通气是否良好,以及箱内的牛蛙有无死亡等,如出现死蛙,一定要及时拣出来。此外,运输途中还应防止箱体受到强烈的震动。